Collège Expérimental d'Aviculture

de Château-Thierry

Château de Blesmes

Cours Complet

par correspondance

Collège Expérimental d'Aviculture de Château-Thierry

Château de Blesmes

Cours Complet

par correspondance

Alimentation et Elevage de la Naissance

A 12 Semaines

LES PREMIERS INSTANTS DE LA VIE DU POUSSIN

Lorsque les poussins sont éclos ou que ceux provenant des couveuses artificielles se sont rendus dans la sécheuse et que le tiroir à œufs a été enlevé, on doit laisser les nouvau-nés attendre leur 48ᵉ heure avant de leur donner leur premier repas.

Pendant ce laps de temps, on aura avantage à les brasser de temps en temps, à les retourner en tous sens avec la main, à les bousculer, afin que la gymnastique ainsi imposée hâte la digestion du jaune et aide les petits intestins à se vider. Vous pourrez constater l'efficacité de ce procédé en divisant une couvée de poussins en deux bandes ; étendez un linge blanc sous chacune d'elles ; laissez la première dans une immobilité relative et triturez l'autre toutes les 6 heures. Lorsque vous enlèverez vos poussins vous constaterez que sous les premiers le linge est presque propre tandis que sous les seconds il est sali par les excréments. Continuez de faire la division à l'élevage, vous pourrez vous rendre compte que vous n'avez aucun cas de diarrhée chez les poussins qui ont été brassés avant d'avoir été alimentés, s'ils n'ont pas eu froid en sécheuse.

Il importe donc de ne pas nourrir avant que le tube digestif se soit débarrassé des matières glaireuses qu'il contient à la naissance. Contrevenir à cette règle, c'est s'exposer à des pertes par indigestions et diarrhée. Ne nourrissez que très peu le premier jour d'alimentation : l'après-midi seulement, afin que les petits animaux n'aient que peu de fatigue digestive. Le second jour tous mangeront assez abondamment.

Les poussins élevés à l'aide de poules meneuses sont alimentés exactement comme ceux élevés artificiellement. Vous avez enfermé poules et poussins dans les boîtes d'élevage (poulailler) et vous avez ouvert le côté mobile pour leur donner de l'air. Le premier jour vous interdisez aux poussins de passer sous l'abri et vous donnez à la mère des grains entiers de maïs pour que les poussins ne puissent en manger. Il importe de ne pas donner à la mère une nourriture que les poussins pourraient consommer à leur détriment ; il importe aussi, sauf les deux premiers jours d'alimentation, d'empêcher la poule de consommer les aliments donnés à ses poussins. Pour cela, il suffira de donner à ces derniers leur repas dès le troisième jour d'alimentation sous l'abri. Les deux premiers jours, la poule apprendra ses petits à manger.

La poule restera toujours dans le poulailler de la boîte d'élevage ; les poussins pourront sortir dehors à la même date que ceux élevés artificiellement, leur élevage ne diffère plus de celui de ces derniers poussins.

ELEVAGE ARTIFICIEL

Que de personnes se sont fait un épouvantail de l'élevage artificiel ! Il est vrai qu'il est encore pratiqué, en beaucoup d'endroits, en dépit du bon sens et que les échecs sont nombreux !

Avant de retirer les poussins de la couveuse, nous avons préparé notre salle d'élevage de la façon suivante :

Autour de l'éleveuse nous avons mis une couronne de grillage de 0 m. 25 de haut, mailles de 25^{mm}. Des poussins resteraient pendus si nous employions des mailles plus petites. Ils passeraient à travers les mailles de 31^{mm}. On peut employer de grandes mailles, mais en garnissant le grillage d'étoffe très légère. Le diamètre de la couronne est égal au plus à la plus petite dimension du plancher, mais ne dépasse pas trois mètres. L'espace accordé aux poussins les premiers jours est donc limité. Le troisième jour d'alimentation, dans la matinée, nous relèverons cette clôture en l'accrochant au plafond, mais nous la descendrons le soir, lorsque les poussins seront couchés ou plutôt avant qu'ils ne se couchent. Nous éviterons ainsi de les laisser se tasser dans les coins, ou de séjourner trop loin de la source de chaleur.

Dans l'espace renfermé par la couronne on répand une couche de sable fin, bien sec, tandis que l'on étend de la paille d'avoine coupée en brins de 2 à 4 cm. ou de la paille de blé très propre et bien vanée dans les coins de la salle d'élevage. Si nous employons le poêle-éleveuse, nous rangeons dans un coffre triangulaire à toit incliné suspendu dans un coin une provision de boulets d'anthracite. La façade du poulailler étant fermée, nous suspendons un thermomètre à la périphérie du radiateur de manière que la boule de mercure soit à 4 ou 5 cm. du sol. Si nous nous servons de petites éleveuses ouvertes, ceci est inutile car ces appareils en sont munis. Les débutants seuls prenent ces précautions. Si nous nous servons d'éleveuses au charbon, nous réglons la soupape d'échappement de manière que deux tours de l'écrou de réglage la fasse se lever complètement. Nous allumons le poêle. Au fur et à mesure qu'il s'échauffe, la soupape d'échappement se lève et le thermomètre monte. Nous pouvons dévisser l'écrou de réglage, de manière que la soupape soit juste levée quand le thermomètre marque 35 degrés. Nous avons auparavant pris note de la température extérieure. Nous enlevons le thermomètre suspendu au radiateur et nous le suspendons dans la salle d'élevage à un mètre de l'éleveuse et à 50 cm. du sol. Le poêle au charbon n'est pas un appareil qui se règle comme une lampe de couveuse, aussi corrigera-t-on la température par l'aération : d'où nécessité pour les débutants de deux thermomètres, l'un extérieur à la salle d'élevage, l'autre suspendu comme nous venons de le dire. Ainsi, si la température devient plus froide, il faudra diminuer l'aération, et inversement. Craindre toujours la trop grande chaleur, mais faire brûler le feu sans risquer de le laisser s'éteindre. Le soir on ferme la façade, plus ou moins hermétiquement selon que la température est plus ou moins froide et les poussins plus ou moins jeunes. Prévoir les changements de température, par exemple le matin et le soir, est sage : car il vaut toujours mieux prévenir que guérir. Pour remplir le poêle, opérez de la façon suivante : ranimez le feu en provoquant du tirage. Le courant d'air donne une recrudescence à la combustion. Quand les charbons sont bien rouges, c'est-à-dire un quart d'heure après remplissez le poêle en ayant soin de ne pas boucher la sortie de la fumée, qui se trouve généralement latéralement (pas toujours).

Revenons au premier jour de soins. Vous vous rendez dans le couvoir et sans trop de hâte, surtout si la température du couvoir est douce, vous procédez au badigeonnage de l'ombilic des poussins avec de la teinture d'iode pure : Prenez un bâtonnet et enroulez à son extrémité un petit tampon d'ouate stérilisée, versez de la teinture d'iode dans une soucoupe, ouvrez la porte de la couveuse après avoir préparé un panier plat et une étoffe de laine. Prenez les poussins par le dos les uns après les autres, renversez-les, soufflez dans la région de l'ombilic pour découvrir celui-ci et touchez-le avec le tampon imbibé de teinture d'iode pure ; mettez les poussins dans le panier sous l'étoffe chaude. Quand celui-ci en contient assez transportez-les sous l'éleveuse. Videz le panier en le renversant et éloignez-vous. Quand vous reviendrez, vous trouverez les poussins occupés à picorer le sable fin que vous avez répandu sur le sol. Deux heures après vous leur donnerez leur premier repas.

Le badigeonnage de l'ombilic des poussins a pour objet de leur éviter l'inflammation de cette partie du corps, très fréquente et très meurtrière, surtout quand il fait chaud.

Lorsque l'on se sert d'éleveuses de grande capacité au pétrole, le réglage est plus facile puisque la température dépend de la hauteur de mèche ou de flamme. Conserver une aération suffisante, laisser les thermomètres intérieur et extérieur, afin de régler plus facilement et autant que possible avant l'influence sur l'éleveuse des sautes de température. Préférez les éleveuses à pétrole qui sont munies d'un régulateur.

LES PREMIERS JOURS D'ALIMENTATION DES POUSSINS

ELEVAGE FAMILIAL

Portez dans la salle d'élevage des petits panneaux de planches minces bien rabotées, de 40×70 cm. en quantité suffisante pour que les poussins puissent manger ensemble sans gêne. Mettez-les à l'intérieur de la couronne de grillage, le plus loin possible de la source de chaleur. Emiettez très fin de la mie de pain rassis, de 48 heures au moins, en ayant soin d'en faire tomber, de haut, sur le dos et devant les petits animaux, mais surtout sur les planchettes, ne vous inquiétez pas si peu de poussins mangent lors de ce repas. Donnez peu et enlevez les restes au bout de 10 minutes. Recommencez deux heures après et ainsi de suite toutes les deux heures.

Toutes les heures est trop, vous aurez toujours ceci présent à la mémoire : *surnourrir est la seule faute que vous puissiez commettre si vous suivez nos recommandations.* C'est la seule faute, si vous avez bien conduit vos incubations et si vos reproducteurs sont sains et en bon état de reproduction, qui puisse vous causer de la mortalité sérieuse. Les Américains prétendent qu'il faille compter sur une mortalité de 20 pour cent. Ceci est heureusement faux. Nous ne les suivrons pas dans ce sens ! Les méthodes simplistes et expéditives ont fait fiasco, elles doivent être, ainsi que l'usage de certains aliments, comme l'avoine entière ou concassée, abandonnées. Il est vrai que chacun, outre-Atlantique, a sa méthode dont il ne veut démordre, comme chez nous d'ailleurs. Nous estimons, après avoir élevé des dizaines de milliers de poussins que celles que nous employons nous ont toujours donné les meilleurs résultats, avec une mortalité réduite de 4 à 5 pour cent et quelquefois nulle. Et nous avons expérimenté toutes les méthodes connues. Il n'y a pas une méthode Américaine moderne d'alimentation, mais des méthodes modernes ; le chercheur, l'expérimentateur peut seul dire : j'ai trouvé la meilleure, la plus simple et la moins coûteuse, non pas l'amateur ne possédant qu'une science livresque et discutable.

A l'avant-dernier repas de la journée, vous opérez comme suit : comme suit :

D'un morceau de mie de pain rassis, épais, vous détachez une poignée que vous gardez à la main. Plongez cette main dans un seau contenant une partie de petit lait et une partie d'eau pure, le tout à une température douce, de 10 à 15 degrés. Mouillez la mie et pressez-la pour en extraire le jus, retirez la main. Egrenez cette mie qui n'est qu'humectée devant les poussins. Enlevez les restes 10 minutes après. Le dernier repas ressemble au premier : Donnez un peu de plus et enlevez un quart d'heure après.

Vous ne donnez pas à boire ce premier jour d'alimentation, la mie humectée est suffisante pour que les poussins étanchent leur soif.

Après avoir enlevé les restes de chaque repas, faites une demi
obscurité dans la salle d'élevage pour que les poussins fassent la
sieste. Ne la faites pas trop forte afin qu'ils puissent prendre la
place qu'ils veulent au pourtaur du radiateur. Employez pour cela
des rideaux mobiles sombres. L'exercice est nuisible aux nouveau-
nés : il leur faut du calme, de la tranquillité.

Avant que la nuit ne soit venue, vérifiez votre feu ou votre
lampe. Lorsqu'elle sera tombée, vos poussins formeront une jolie
couronne tout autour de la source de chaleur, à la distance qu'ils
jugent être la meilleure, sans qu'aucun ne soit gêné par son voisin.
Ils doivent être le soir en dehors de la limite couverte par le radiateur. Si la température se refroidit, ils se rapprocheront peu à peu
du centre où il fait plus chaud. Si votre combustible est de bonne
qualité et que vous avez muni l'extrémité de votre tuyau du dispositif
suivant : soit un petit tuyau horizontal de 50 cm. soudé en son
milieu au premier et portant lui-même à chacune de ses extrémités
un autre vertical de mêmes dimensions et aussi soudé en son milieu,
vous aurez un tirage régulier même dans le cas de tempêtes. Le
tuyau doit monter plus haut que les édifices immédiats. (Eleveuses
au charbon).

Ne craignez pas que vos poussins n'apprennent à manger. Si
vous n'en avez que 10 ou 20, que vous faites de l'aviculture pour
vous amuser, vous aurez le temps de faire ce qui est conseillé en
pareil cas : vous prendrez un poussin fort et mangeant bien et le
placerez près d'un autre ne paraissant pas le faire : mais croyez
bien que cela est inutile, la nécessité s'imposera d'elle-même et
tous mangeront. Les poussins que vous ferez naître ne sont pas des
êtres débiles et vous verrez quelle sera la vigueur de ceux provenant
d'excellents œufs et nés dans des couveuses bien comprises.

Donc, inutile de les ennuyer par des soins intempestifs. Laissez
les tranquilles. A leur aspect, à leur cri, vous verrez s'ils sont bien.
S'ils ont froid ils piailleront et se tasseront les uns contre les autres.
S'ils ont trop chaud ils s'éloigneront les uns des autres, ouvriront
le bec et écarteront leurs petites ailes. S'ils sont bien, ils courront
dans leur salle ou se coucheront en poussant de petits cris de con-
tentement. Inutile de vous lever la nuit, pas plus que pour vos
couveuses ; l'aviculture n'est pas les travaux forcés à perpétuité.

Le matin du second jour d'alimentation, à l'heure que vous
avez fixée pour le premier repas (c'est-à-dire le plus tôt possible,
en été vers 6 heures) et que vous suivrez avec exactitude, vous

rentrez dans la salle d'élevage, muni de pain rassis. Votre premier regard est pour vos poussins afin de voir s'ils sont bien comme température. S'ils ont froid (et ceci devra être strictement appliqué pendant toute la durée de leur chauffage) vous ne devez pas leur donner leur premier repas avant de les avoir réchauffés. Procédez comme nous avons dit dans le cas où le poêle est bas. Ces inconvénients sont évités lorsque vous pouvez vous servir des éleveuses à pétrole puisque la température y est plus régulière.

Ce second jour d'alimentation variez davantage : faites alterner les repas secs avec ceux humides en employant le pain pour les repas secs et, pour les repas humides, le pain et le lait écrémé, comme nous l'avons indiqué. Ne vous inquiétez pas si les poussins ont soif, il faut les habituer à ne pas être désaltérés avant d'avoir pris le premier repas, ceci afin de les empêcher de boire trop car, au réveil, ils sont altérés. Laissez maintenant et jusqu'à nouvel avis les repas durer 15 minutes avant d'enlever les restes. Donnez un repas toutes les deux heures.Les poussins savent manger convenablement. Ayez vos planchettes en double afin d'être sûr d'en apporter de propres à chaque repas. N'employez pas le papier ni le carton, le papier se ramollit au contact du pain humecté et les poussins en mangent au détriment de leur santé et plusieurs en meurent. Lavez les planchettes à la brosse entre chaque repas. Désinfectez-les chaque jour. Donnez également et toujours le dernier repas plus abondant et d'une durée de 5 minutes plus grande. Donnez toujours à manger à heure fixe.

N'oubliez jamais de régler d'aération de la salle en raison de la température extérieure. Débutants, voyez fréquemment vos thermomètres.

Le troisième jour d'alimentation donnez de l'eau pure, dans

Abreuvoir pour poussins en deux pièces

des abreuvoirs syphoïdes très nombreux où il est impossible aux poussins de se mouiller, ce uniquement après les repas secs, pendant quelques minutes seulement. Eloignez les abreuvoirs des poussins et changez l'eau après chaque service. Les indigestions de liquide sont les plus graves et toujours mortelles.

Ce troisième jour d'alimentation, vous avez dans la matinée relevé la couronne de grillage afin de permettre aux poussins d'accroître leur champ d'exercice. Vous avez placé les abreuvoirs et les planchettes tout près de la cloison séparant la salle chaude de la salle froide ; vous faites faire trois siestes aux poussins ; au milieu de la matinée, à midi et au milieu de la soirée. Vous n'alimentez plus qu'une fois toutes les deux heures et demie en été, toutes les 2 heures quand les jours sont courts et moyens.

Ce troisième jour d'alimentation, avant de donner le 2ᵉ repas du matin et le 2ᵉ de l'après-midi, vous ouvrez les longs orifices qui font communiquer les deux salles ; il s'agit d'habituer les poussins à sortir de la salle chaude et à y rentrer facilement. Vous avez dû garnir le plancher de la salle froide de paille coupée en brins de 3 à 4 cm. Commencer dès le 3ᵉ jour d'alimentation à remplacer un repas de pain, par un autre composé de blé sain concassé que vous distribuez sur les planchettes. Le 4ᵉ jour, donnez deux repas de blé concassé. Mélangez toujours du gravier petit format au blé concassé. Le 5ᵉ jour, le blé est donné par terre, dans la salle froide, dans un endroit où il n'y a pas de paille, à l'endroit où vous mettiez vos planchettes. Le 6ᵉ jour, il est simplement jeté dans la litière de la salle froide, d'abord à cette même place puis ailleurs. Ainsi le poussin s'habituera progressivement à le manger et à le chercher. Ces transitions insensibles sont du plus heureux effet.

Le grain ne doit pas être constamment à la disposition des poussins : on leur en donne juste ce qu'ils doivent manger en un seul repas.

Naturellement les doses augmentent au fur et à mesure qu'ils grandissent.

Rappelons encore que les poussins ne doivent pas être sur-nourris. Chaque fois que vous leur apportez leur repas, ils doivent montrer les signes d'une grande faim, ils courent vers vous, tournent en rond dans leur salle, cherchent avec beaucoup d'activité.

Le deuxième jour d'alimentation, vous avez mis à leur disposition des trémies contenant les unes du charbon de bois, d'autres des coquilles d'huîtres granulées, d'autres enfin du gros son sain et sec.

Ajoutez-y, le 3ᵉ jour, des plats contenant de la terre humide. Les fonctions digestives sont ainsi facilitées et les poulaillers doivent toujours en être garnis.

Vous avez ainsi le 2ᵉ jour d'alimentation des repas comme suit. En moyenne :

1ᵉʳ	7 h.	pain sec
2ᵉ	9 h. 1/2	humecté
3ᵉ	12 h.	sec
4ᵉ	2 h.	humecté
5ᵉ	4 h. 1/2	humecté
6ᵉ	7 h.	sec

Donnez 120 gr. de mie de pain par repas pour 100 poussins en moyenne.

Dès le 3ᵉ jour vous commencez par remplacer le 3ᵉ repas par un de blé concassé et gravier.

Le 4ᵉ jour, le 1ᵉʳ repas et le 3ᵉ sont composés de même manière et les poussins ont l'eau en permanence sauf le matin (enlevez les abreuvoirs la veille au soir).

Le 5ᵉ jour, le dernier repas est composé de même manière. Le 6ᵉ jour le 2ᵉ repas est remplacé par la pâtée humectée ou sèche dont la composition suit. Le 7ᵉ jour, le 4ᵉ repas est remplacé de même. Enfin le 8ᵉ jour et le 5ᵉ repas, même composition et plus de pain n'est jamais donné.

Quand les poussins ont 3 semaines, les repas sont donnés toutes les 3 heures.

Dès le 15ᵉ jour vous mettez à la disposition de vos poussins des trémies à pâtées sèches remplies du mélange suivant, tenues

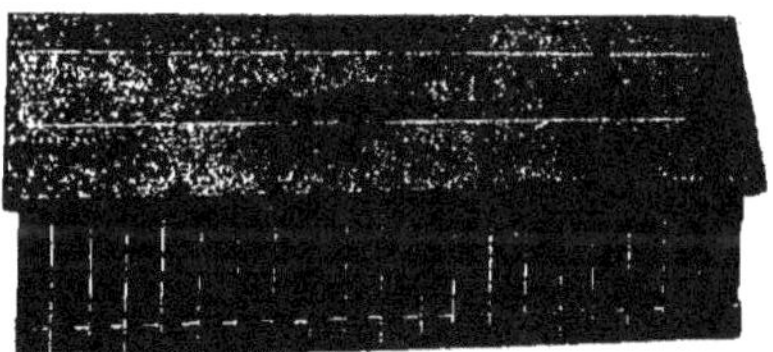

Trémie à poussins

ouvertes à leur disposition depuis le 2e repas (humecté, jusqu'au
soir.

<pre>
Charbon de bois.....................   1   partie
Son   2   »
Gravier .... 1/2   »
Blé moulu   2   »
Rebulet   1   »
Avoine moulue tamisée   1   »
Maïs moulu   1   »
Farine de poisson .... 1/2   »
</pre>

   doublée quand les poussins n'ont pas accès sur un bon
   gazon.

Nota. — L'excès de matières azotées est une cause de mortalité.

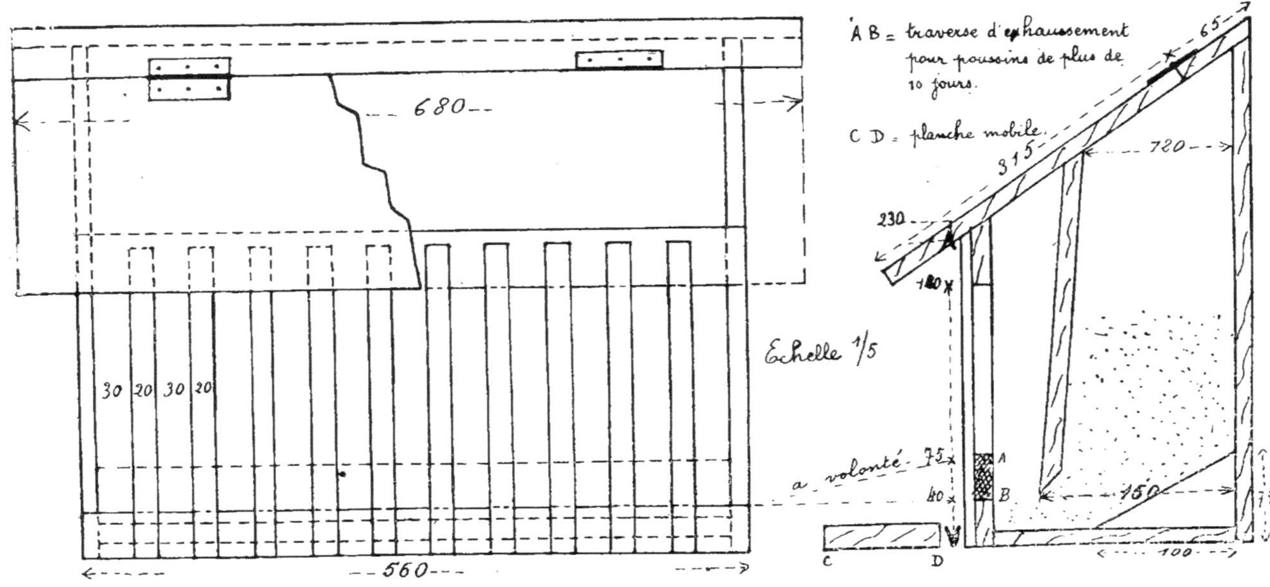

Plan de trémie à poussins

COMPOSITION DES PATEES

De 1 à 2 semaines (et 6e jour)	avoine moulue tamisée 1 son 3 p. remoulage 1 p. blé broyé 1 p. maïs broyé 1 p. charbon de bois 1/4
De 2 à 4 semaines	son 2 p. remoulage 1 blé broyé 1 maï broyé 1 charbon de bois 1/2 farine de poisson 1/4 avoine moulue tamisée 1
De 4 à 6 semaines	son 2 p. avoine moulue tamisée 1 remoulage 1 p. blé broyé 1 maïs broyé 1 farine de poisson 1/2 charbon de bois 1/4
De 6 à 8 semaines	son 2 p. remoulage 2 p. blé broyé 1 avoine moulue tamisée 1 farine de poisson 1/2 à 1/4 farine de luzerne 1/2 charbon de bois 1/4
De 8 à 12 semaines	son 2 remoulage 2 blé broyé 1 avoine broyée 1 farine de poisson 1/2 à 1/4 farine de luzerne 1 charbon de bois 1/4

FAUT-IL EMPLOYER L'ALIMENTATION HUMIDE ?

Quoique les pâtées que nous appelons humectées ne contiennent que fort peu d'eau, nous pensons fermement que l'on n'en doit pas donner.

REPAS DE GRAIN

Nous en avons également 3 au début après la période de transition. Ils restent ainsi jusque l'âge de 12 semaines. A partir de cet âge nous n'en donnons plus que deux : le premier et le dernier.

PATEE SECHE

La composition donnée le 15e jour subsistera jusqu'à l'âge de 12 semaines.

REGULATEUR

On se trouvera bien d'employer par temps humide ou incertain ou froid le régulateur « Animator ». Ce régulateur donne de la vivacité, de la force, de la résistance contre les épidémies. Par temps humide surtout, on devra veiller à l'état des fientes et ne pas oublier que leur état doit être réglé par la plus ou moins grande quantité de son contenu dans la ration.

Si vos poussins montrent des signes d'inappétence, tenez plus longtemps fermées les trémies à pâtées sèches.

ELEVAGE INDUSTRIEL

Lorsque le nombre de poussins est assez élevé, et même quel que soit le nombre de ces petits sujets, on a intérêt, afin de réaliser une grande économie et une diminution de main-d'œuvre, à employer la méthode suivante qui nous a donné le plus grand succès, même en plein hiver :

Aucune distribution de pain. L'alimentation est uniquement sèche et est mise en permanence devant les poussins.

Après 48 heures de jeûne ceux-ci reçoivent un mélange en poids de : son 1 partie, gravier 1/4, charbon de bois pulvérisé 1/4, dans de petites augettes de 10 cm. de large et dont les bords ont 3 cm. de haut. Cette alimentation est continuée pendant 3 jours.

Puis chaque jour nous ajoutons un produit nouveau dans ce mash sec : d'abord le rebulet, puis le maïs moulu, puis le blé moulu, puis l'avoine moulue tamisée, puis la farine de poisson. Le mash est mis le 4ᵉ jour d'alimentation dans une trémie à poussins mais on laisse les augettes plusieurs jours en core afin de ménager une transition.

A l'âge de huit jours les poussins ont la formule complète et leur élevage ne diffère plus de celui décrit dans la méthode précédente.

Les données concernant les distributions de grains, la boisson, les siestes, restent vraies pour ce procédé d'élevage que nous recommandons chaudement.

BOISSON

La boisson doit toujours être propre ; elle ne doit jamais être froide ni trop fraîche. (Coliques).

Comme boisson, employez l'eau pure les 10 premiers jours. Vous pouvez alors employer le petit lait écrémé doux ou sûr. Le donner frais est plus commode. Mais vous pouvez aussi laisser sûrir : les poussins mangeront avidement ce caillé qui est un grand antiseptique du tube digestif.

Diminuez la farine de poisson de 1/4 du poids du lait.

Les poussins ne devront jamais se mouiller, surtout avec du lait. D'autre part le lait salit énormément les abreuvoirs auxquels ils communiquent une fort mauvaise odeur lorsqu'ils ne sont pas lavés suffisamment souvent. Ayez donc des abreuvoirs siphoïdes en poterie vernissée, en deux pièces, un réservoir renversé sur une cuvette à haut bord vertical. Ayez-en deux jeux afin d'en avoir toujours de propres. *Ayez-en en quantités suffisantes.*

Si les poussins se mouillent de lait, leur duvet se colle, s'agglutine. La poussière les salit davantage et les petits sont non seulement affreux *mais en danger.*

D'autre part, il peut arriver que vous donniez du petit lait d'une façon irrégulière et que vous ne fassiez pas les corrections nécessaires des quantités données de farine de poisson. Voyez au chapitre « nourriture carnée » ce que nous pensons de la suralimentation en matières azotées.

LE LAIT DE CHEVRE

Le lait de chèvre présente sur celui de vache deux grands avantages : 1° il n'est pas tuberculeux et peut par conséquent être donné cru. Il est ainsi « vivant » surtout s'il est donné avant qu'il ait perdu la chaleur de la traite. Il est riche en vitamine non tuées et très riche en caséine (matières azotées).

2° Il ne forme pas dans l'estomac le caillot lourd et indigeste qui fait que nous rejetons absolument le lait entier de vache pour les petits. Le caillot du lait de chèvre est friable, léger, très digeste.

Pour ces raisons, les chèvres devraient être partout où il y a des poules et des poussins. Les poussins auxquels on donne du lait de chèvre paraissent au début nerveux, d'un nervosisme exagéré, maladif. Il n'en est rien. Ils sont simplement plus forts, plus robustes, plus vivants. Employer le lait de chèvre c'est contracter une assurance contre la mortalité, avoir des sujets extrêmement bien portants et prometteurs de grand rapport ; c'est diminuer le prix de la ration par la diminution, voire la suppression de la farine de poisson, qui est la matière qui coûte le plus cher pour la confection de la pâtée.

A partir du 4e jour d'alimentation, donnez constamment à boire sauf avant le 1er repas. Il suffit d'enlever les abreuvoirs le soir. Le 20e jour vous pourrez laisser constamment les abreuvoirs dans la salle d'élevage.

SIESTES

A l'âge de 8 jours ne faites plus faire que deux siestes obscures, après deux repas de patée humectée. Ne faites plus faire qu'une sieste de 15 jours à un mois.

PROPORTIONS DE GRAINS ET DE PATEE

Constituées comme ci-dessus les pâtées doivent constituer la moitié de la ration. Donc en poids nous donnons :

Pâtées : 50 % ; Grain seul : 50 %.

Vous pouvez, dès le 6e jour, commencer à donner de petits morceaux de viande fraîche hachée, des os verts bien frais et à la place ou en mélange avec les coquilles d'huîtres, vous pouvez donner des os calcinés broyés. Ayez un seul instrument pour broyer les grains, les os, les coquilles.

Vous avez pu aussi commencer à donner des tronçons de vers de terre, des asticots, des insectes. N'en abusez pas. Il suffit que chaque poussin ait chaque jour quelques insectes pour que la ration soit assez riche en matières albuminoïdes. Cette distribution est un grand sujet d'exercice. Diminuez ou supprimez la farine de poisson des pâtées selon les quantités d'insectes et des vers données.

La nourriture carnée va provoquer le développement rapide des plumes ; il importe de donner au petit être tous les éléments néces-

Petit broyeur pour élevage familial

saires à cette formation ; si on ne lui en donne qu'une partie, il prendra les autres à son organisme et nous aurons un sujet débile ou malade.

Si vous donnez trop d'aliments azotés aux petits poussins, ils feront leurs plumes trop tôt. Mais comme pour faire ces plumes il faut de grandes quantités de matières grasses et hydrocarbonées et que votre ration mal balancée n'en contient pas en assez grande quantité, les poussins prendront ces quantités manquantes dans leur organisme même : ils maigriront, seront sans force, la plume sera trop longue, terne, les barbes en seront séparées, les sujets seront malades. Mieux vaut un excès de matières grasses qu'un excès de matières azotées. Trop d'azote voilà un ennemi de l'élevage.

N.-B. — On peut avantageusement remplacer la farine de poisson par un mélange d'égales parties de farine de viande ou de poisson. Lorsque l'on ne pourra se procurer de farine de poisson, c'est à la farine de viande que l'on aura recours.

Ajoutez chaque jour, pour le développement normal des plumes, une cuiller à café de soufre pour cent poussins si vous avez affaire à une race légère s'emplumant très vite. Si vous avez des asiatiques ou du sang d'asiatique, cette quantité tous les deux jours sera suffisante. Si vos poussins sont affaiblis, donnez-leur en plus une cuiller à café pour cent poussins de quinquina en poudre.

VERDURE

Le huitième jour, vous pouvez commencer à donner de la verdure aux poussins. Si ceux-ci ont un parcours herbeux, au moment de l'année où l'herbe est tendre, vous ne serez pas obligés de faire ces distributions, mais vous devrez les faire chaque fois que les poussins ne pourront aller dehors ou que leur parcours sera dépourvu de gazon *appétissant*. Commencez par donner des pissenlits : c'est la meilleure verdure pour les tout-petits. Puis vous

Hache verdure

pouvez employer la salade, le trèfle, la luzerne hachés, le gazon coupé, le cresson, plus tard, vers 1 mois, les choux. Il est bon de distribuer de temps en temps des tiges d'oignons coupées, même des oignons hachés. Donnez peu de verdure les premiers jours, mais à satiété vers 12 jours. Nous n'avons pas besoin de vous rappeler les raisons pour lesquelles la verdure est absolument nécessaire.

GRAINS

Nous avons préconisé comme grain le blé concassé. Le blé entier serait : 1° trop gros ; 2° trop dur pour les poussins. Réglez votre concasseur pour que le grain soit simplement coupé en deux.

Germinateur pratique

Tamisez rapidement afin que la farine ne constitue pas un déchet perdu.

On peut évidemment donner du maïs concassé. Nous l'employons mais par intermittence, et surtout quand le moment du sevrage est arrivé. Nous ne donnons pas d'avoine concassée, ni de riz, ni de millet (voir 9e leçon). Nous écartons ces aliments comme nous avons écarté l'œuf, le lait entier de vache, mais nous aimons beaucoup l'avoine germée à partir de l'âge de un mois.

SORTIES DES POUSSINS

Lorsque vous faites faire la sieste aux poussins, maintenez-les dans la salle chaude, fermez les passages entre les deux salles et faites une demi obscurité.

Vers l'âge de 5 à 6 jours, vous pouvez leur permettre leur première sortie si le temps est beau, c'est-à-dire sec et pas trop froid (pas de gelée).

Limitez-leur un parcours de quelques mètres carrés et facilitez la sortie et la rentrée à l'aide d'un tas de terre à pente douce. Ne les laissez pas longtemps dehors, il vaut mieux qu'ils y reviennent souvent. *Lorsque tous connaissent le chemin de retour,* vous pouvez ôter la clôture mobile que vous avez posée et leur enclore un espace ayant pour largeur celle de leur salle d'élevage et pour longueur une douzaine de mètres. Ce sera suffisant pour le premier mois. A partir de cet âge, donnez-leur toute l'étendue de leur prairie. Eloignez trémies et abreuvoirs afin de les forcer à se donner de l'exercice, mais veillez à ce que tous en profitent.

Rien n'est plus mauvais que de mettre des clôtures *fixes* limitant les parcours pour tous les âges, c'est un système qui retient les poussins dehors quand ils ont froid et qu'ils doivent revenir se réchauffer dans leur salle chaude. Les meilleures clôtures *mobiles* sont des rouleaux d'un grillage de 1 m. 50 de haut portant à leur partie inférieure de petites fiches de fer que l'on enfonce dans le sol pour que les poussins ne puissent passer sous le grillage. On peut aussi employer des clôtures formées de panneaux grillagés que l'on relie entre eux à l'aide de tiges de fer passées dans les doubles anneaux constitués par des pitons vissés en haut et en bas, sur le côté des panneaux.

Tenez l'herbe ou courent les poussins bien rase : ils en profiteront davantage et ne se mouilleront pas. Evitez-leur la pluie et le vent avant qu'ils soient bien emplumés, c'est-à-dire vers 5 semaines pour les races légères et 7 pour les races lourdes. Mais ne craignez pas de les élever un peu à la dure, pensez que vous devez en faire des animaux rustiques. Donnez aussi souvent qu'il sera possible les repas au dehors. Plus vos poussins resteront sur leur prairie et mieux ils se porteront.

Ne les laissez pas percher avant qu'ils aient 3 mois et demi, leur bréchet se déformerait et il perdraient une très grande partie de leur valeur.

NETTOYAGE ET DESINFECTIONS

Vous n'aurez pas besoin de nettoyer la salle chaude les trois ou quatre premiers jours d'alimentation des poussins car ils sont sur un lit de sable qui absorbe les déjections et qu'un coup de râteau à dents fines et serrées aura tôt fait de rafraîchir. Lorsque vous avez supprimé la couronne de grillage pendant le jour, remplacer ce sable par de la paille coupée que vous tenez propre.

Mais lorsque les poussins commencent à courir, il faudra

renouveler la litière de paille aussi souvent qu'elle sera salie, soit deux ou trois fois par semaine et toujours la mettre sur un lit de terre ou de sable mélangés de soufre afin qu'elle soit saine et que les fientes ne se collent pas au plancher.

Une fois par semaine, pulvérisez de l'eau crésylée ou lysolée à 5 pour cent au moyen du pulvérisateur à dos, les petits appareils causent une très grande perte de temps. Arrosez ainsi que le plancher, l'éleveuse, les parois, la toiture intérieure. Désinfectez à fond.

TEMPERATURE DE L'ELEVEUSE

La chaleur reçue par les poussins doit être de 36 degrés le premier jour, 35 par temps chaud, 36 à 37 par temps froid. Celle de la salle d'élevage ne devrait pas dépasser 18 à 20 degrés (salle chaude) et il vaudrait mieux qu'elle soit à 15 degrés qu'à 18. Il est vrai que cela varie avec la température extérieure et que la température intérieure doit s'abaisser un peu lorsque s'abaisse la température extérieure afin que la transition entre le milieu intérieur et le milieu extérieur soit moins brutale. En moyenne, lorsque l'on pourra régler la chaleur fournie par l'éleveuse, les poussins devront avoir sous l'éleveuse la température suivante (sauf variantes bien entendu) : à 4 jours 35°, à 8 jours 34°, à 15 jours 31°, à 20 jours 28°, à 25 jours 25°, à un mois 20°, à cinq semaines 17°, à 6 semaines, la température extérieure de jour.

Pour les races légères et s'emplumant très vite, on pourra accélérer la diminution de température afin de sevrer les poussins vers 4 semaines en été. Mais il faut avoir soin de rallumer les éleveuses pour la nuit tant que les poussins ne sont pas bien emplumés sur le dos. On aura donc intérêt à remplacer l'éleveuse au charbon par l'éleveuse à pétrole vers 3-4 semaines.

Une trop grande chaleur permanente les premiers jours active la pousse des plumes, ce qui fatigue le poussin ; en outre cette chaleur le débilite. Une trop grande chaleur accidentelle leur donne la diarrhée. Le froid a les mêmes effets, mais il vaut mieux que la température soit tenue d'une façon permanente un peu trop basse que trop haute. Les courants d'air, surtout ceux à ras du sol, doivent être soigneusement évités.

Dans la journée, pendant les heures de sieste même si cela est possible, on tiendra les baies plus ou moins ouvertes de façon

que l'odeur reste toujours bonne. Quand les poussins commenceront
à s'emplumer on pourra veiller à ce que, la nuit, l'air reste toujours
pur, en veillant à ce que l'aération ne soit pas assez forte pour
chasser les poussins d'un seul côté de l'éleveuse. Plus tard, lorsqu'ils sont emplumés et sevrés, on pourra les amener progressivement à jouir d'une large ventilation. On pourra, dans la bonne
saison, laisser toutes les baies largement ouvertes. Se guider sur
un thermomètre à minima placé dans le voisinage de la salle
d'élevage et sur l'état des poussins. Il est des choses qui ne peuvent
être résolues mathématiquement et qui sont laissées à l'appréciation
et au bon sens de l'aviculteur.

Sachez que, plus tard vous continuerez un chauffage léger
des poussins, et mieux ils pousseront, ce jusqu'à ce qu'ils soient
bien emplumés sur le dos.

TRI DES POUSSINS SOUS L'ELEVEUSE

Vous aurez ainsi conduit vos poussins jusqu'à 12 semaines,
époque à laquelle vous devez séparer les coquelets des poulettes
si vous vous occupez de races légères. Si vous faites des races
lourdes, vous les séparerez aussitôt que vous les connaîtrez, c'est-
à-dire plus tard.

Durant toute la période d'élevage, vous aurez dû sacrifier sans
pitié tous les poussins montrant des signes de faiblesse ou de
maladie. On ne soigne pas un poussin. Le poussin faible ou malade
n'a aucune résistance et devient un danger permanent de contagion
pour les autres. Si vous avez procédé comme nous l'avons dit, la
mortalité devra être de 0 à 5 pour cent, pas plus. Vous établissez
ainsi une excellente sélection ; nous vous rappelons à ce sujet que
le facteur vigueur est le plus important de ceux que vous ayez à
considérer.

Dès l'âge de 6 semaines, vous avez à procéder à un deuxième
tri des poussins.

Vous mettez d'un côté tous ceux qui ont manifesté des signes
légers de faiblesse et que vous avez conservés. Vous faites deux
lots des autres : les excellents d'un côté, les moyens de l'autre.

Pour ce faire, vous devez examiner chaque sujet debout, puis
le prendre dans la main pour l'examiner de plus près.

Mettez dans la première catégorie les sujets promettant

d'approcher de la perfection, attitude éveillée, formes correctes, bien découplées ou annonçant le type parfait de la race, ayant les plumes bien fournies sur le dos, l'abdomen, l'arrière-train, les yeux vifs, ouverts, bombés, un squelette fin, un poids conforme au standart. Ce sont les meilleurs sujets.

Dans la deuxième catégorie, mettez ceux qui ne présentent pas tous ces caractères ou qui les présentent à un degré moins marqué.

Baguez les sujets de chaque catégorie d'une façon différente, à l'aide d'un anneau de celluloïd colorié.

Vous les reconnaîtrez facilement. Les sujets de la troisième catégorie iront à l'engraissement, même si ce sont des poulettes. Si vous vendez des sujets pour la reproduction, faites deux prix, l'un plus élevé pour les animaux de la 1re catégorie, l'autre plus faible pour ceux de la 2e. Les coquelets de la 1re catégorie seuls doivent être conservés pour la reproduction éventuelle.

A l'âge de 8 semaines, reprenez les sujets de la 1re catégorie et pesez-les. Les Leghorns, femelles, doivent peser un peu moins de 450 gr., elles doivent atteindre 450 gr. à 9 semaines. Les coquelets doivent faire 450 gr. à 8 semaines. Les sujets par trop lourds passeront dans la 2e catégorie.

Les poulettes Plymouth rocks doivent faire 450 gr. à 8 semaines et les coquelets 450 gr. à 7 semaines.

Les poulettes Wyandottes blanches doivent faire, ainsi que les coquelets, 450 gr. à 8 semaines.

Les poulettes Rhodes Islands doivent peser 450 gr. à 9 semaines et les coquelets 450 gr. à 8 semaines.

Les Orpington fauves doivent faire, poulettes comme coquelets, 450 gr. à 8 semaines.

Nous ne pouvons pas donner ces poids standartiques pour les races françaises, car leur étude n'est pas commencée et ces poids n'ont pas encore été établis.

A ceux qui voudraient entreprendre ce travail, une des bases de la sélection, et non la moins importante, nous dirons qu'il existe dans chaque race une moyenne de poids qui correspond à celui des plus fortes pondeuses, qu'il y a une corrélation entre le poids à 8 semaines et celui à l'âge adulte. Il s'agit de trouver ces poids moyens qui font le bon poussin afin d'être plus sûr, si la lignée est bonne, d'avoir plus tard de fortes pondeuses.

Ainsi, sur 600 Leghorns blanches, au concours de ponte du

Vineland (New-Jersey), 1 poulette pesait 6 livres et elle donna 170
œufs ; 8 poulettes pesant 5 livres 5 donnèrent chacune 164 œufs ;
21 poulettes de 5 livres donnèrent aussi 164 œufs ; 51 poulettes de
4 l. 5 donnèrent 170 œufs ; 144 poulettes de 4 livres donnèrent 173
œufs ; 174 poulettes de 3 l. 5 donnèrent 178 œufs ; 122 de 3 l.
donnèrent 168 œufs ; 31 de 2 l. 5 donnèrent 137 œufs et 4 de 2 l.
123 œufs. Les volailles pesant 3 livres 1/2 donnèrent en moyenne
178 œufs par tête, soit la plus haute moyenne de la race.

Voici un beau sujet d'études pour les aviculteurs.

Nous avons donc nos trois sortes de poulettes et nos trois
sortes de coquelets. Relevons leurs numéros dans nos cartes d'incubation et d'élevage.

Si nous voulons pousser le tri plus loin (parce que nous faisons
alors intelligemment la sélection des pondeuses et la création de
lignées de grandes pondeuses), examinons quelles sont les poules
reproductrices et aussi quels sont les coqs reproducteurs qui nous
ont donné le maximum de sujets parfaits : c'est là selon toute
probabilité, le sang le meilleur que nous puissions employer . Ce
travail sera extrêmement simplifié, grâce au soin avec lequel nous
avons dressé notre fiche d'incubation et d'élevage. Mais nous devons
aussi faire entrer en ligne de compte la valeur incubatoire des œufs
fournis par les reproductrices afin de conserver les descendants
des reproductrices et reproducteurs les plus vigoureux.

METTRE LES COQUELETS A PART

A l'âge de 12 semaines, nous devons mettre à part tous les
coquelets N° 1 provenant des parquets ou de parents ayant les
meilleures origines, ayant donné le maximum de satisfaction au
point de vue ponte, valeur des œufs, grosseur des œufs au début
de la ponte (car le reste vient ensuite), santé et vigueur, *et ayant
donné le plus de descendants classés N° 1*. Ils feront d'excellents
reproducteurs et on ne pourra jamais craindre de les payer trop
cher. Tous les autres seront dirigés vers les parquets d'engraissement pour être vendus à l'âge de 3 mois et demi environ.

Il est bien entendu que, chez les races lourdes, on ne pourra
faire ce partage que plus tard.

Nous n'avons pas oublié de remplacer les premières bagues
de 6^{mm} de diamètre que nous avons posées à la naissance pour

ıdentifier les poussins et leur donner leur généalogie. Ce changement doit être fait à 4 semaines. Il est l'occasion d'un examen sommaire des sujets.

Ces bagues seront elles-mêmes remplacées vers 2 mois et demi par des bagues d'adultes.

Le toe-punch, instrument qui sert à marquer les poussins à la naissance d'un trou à la palme des doigts, trou qui va s'agrandissant peu à peu, ne donne que 16 numéros, on ne peut donc s'en servir que pour la sélection « à peu près» ou dans les petits élevages, ou pour marquer l'origine par rapport au parquet, à moins que l'on ne donne à la naissance une bague de celluloïd en donnant une couleur distinctive à la descendance de chaque parquet, c'est-

Le marquage des poussins au toe punch

à-dire de chaque père, en marquant au toe-punch la descendance de chaque poule en donnant le même numéro à tous les enfants de la même poule. Cependant le travail futur de sélection n'apparaît pas, de cette façon, aussi complet : il ne donne pas la date de naissance des descendants, que vous connaissez cependant si vos différentes bandes n'ont pas été mélangées.

En se servant du toe-punch, faire le trou juste au milieu de la palme et éviter de faire couler le sang, ou gare au toe-picking (piquage des orteils).

L'emploi des bagues donne plus de besogne mais permet de faire le meilleur travail.

MODIFICATIONS DES RATIONS

Ces rations conviennent lorsque les animaux ne trouvent pas d'insectes. Mais lorsqu'ils en ont à leur disposition, et qu'ils par-

courent une prairie où le trèfle est en quantité suffisante ainsi que
le gazon, il convient de diminuer la quantité de farine de poisson
dans les proportions variables et même si on donne suffisamment
de vers, asticots, viande fraîche etc., la rendre égale à zéro. Dans les
cas généraux (parcours herbeux de grande étendue, avec brous-
sailles et arbres) on se trouvera bien de la diminuer de moitié. On
pourra aussi la remplacer par tout autre aliment d'origine animale,
en tenant compte évidemment de la composition chimique de l'aliment de remplacement. Les farines de gluten et les semoules de
gluten sont bonnes et coûtent moins, mais les aliments albuminoïdes
d'origine animale ont un effet bien meilleur que les autres ; le lait
reste, avec l'œuf cru frais, de toutes les matières azotées, celle qui
donne le meilleur rendement.

L'ŒUF — SA VALEUR ALIMENTAIRE

Nous proscrivons l'œuf cuit dur avant le 10ᵉ jour, comme nous
éloignons de l'alimentation le riz et le millet.

Mais on se trouvera parfaitement bien d'employer l'œuf frais
cru en mélange à une pâtée humectée de même composition que
le mash sec, une fois par jour, de 3 jours à six semaines. La dépense
peut paraître lourde, mais les résultats obtenus par cette alimentation
sont excellents. Donner un jaune d'œuf par 100 poussins. On peut
y incorporer des verdures hachées finement.

L'HUILE DE FOIE DE MORUE

SA VALEUR ALIMENTAIRE

Comme l'œuf frais, l'huile de foie de morue a une très grande
valeur dans l'élevage des poussins. On en donne de 2 à 5 % en
poids de la ration journalière, dans un mash humecté distribué
vers le milieu du jour.

CHANGEMENTS DE LOCAUX

On évitera *à tout prix* de changer les poussins de logis avant
l'âge de 12 semaines. En général, on ne devrait pas être obligé
de le faire jamais : le changement de local produit *TOUJOURS*

un arrêt dans la croissance dû à une crise d'acclimatation, même lorsque les locaux sont voisins et exactement semblables. On ne le fait que lorsque, pour une cause ou pour une autre, on veut provoquer cet arrêt. Beaucoup d'établissements modernes n'ont pas tenu compte de ce fait dans leur conception, et c'est une très grande faute dont on peut se rendre compte par des pesées comme nous l'indiquions en parlant de la capacité des éleveuses.

On luttera toujours contre la vermine ; les poussins élevés artificiellement dans de bonnes conditions d'hygiène n'en ont généralement pas, mais les différents tris, les changements de bagues sont autant d'occasions permettant de faire cette guerre salutaire : saupoudrer de poudre crésylée, si nécessaire. Veillez aux poux de tête qui font mourir tant de poussins : si vos sujets en sont atteints, frottez le dessus du crâne avec un linge mouillé d'huile d'eucalyptus.

LES ALIMENTS QUE L'ON NE DOIT PAS EMPLOYER

DANS LES PATEES SECHES

On ne doit pas employer dans les mashs secs les aliments qui renflent dans l'eau. Ce sont :

> Les tourteaux de toute nature,
> Les farines de légumineuses ou ces légumineuses concassées, pois, lentilles, haricots, vesces, fèverolles.

MALADIES ET ACCIDENTS DES POUSSINS

Les maladies des poussins sont d'origine diverses. Elles proviennent soit de la contamination dans l'œuf, soit de la qualité défectueuse des aliments et de la boisson, soit de la mauvaise tenue des salles d'élevage, des parcours insuffisants, des soins antirationnels donnés aux jeunes animaux, soit de la contamination directe.

MORTALITE EN COQUILLE

Chacun a remarqué que la mortalité en coquille est plus fréquente en incubation artificielle qu'en incubation naturelle. Elle apparaît d'autant plus grande que les œufs sont plus nombreux et presque toujours plus vieux.

On peut lui donner cinq causes : 1° la mauvaise conduite et surtout le manque d'humidité des incubations ; 2° le manque de vigueur des germes ; 3° l'infection des germes et des œufs ; 4° insuffisance de densité de l'œuf ; 5° la trop grande porosité de la coquille.

Nous avons traité les deux premières parties.

INFECTION DES GERMES ET DES ŒUFS

Il est prouvé que des germes morbides sont presque toujours communiqués par la poule couveuse aux embryons et par la pondeuse aux œufs. Parfois l'embryon en meurt au cours de son développement ; en d'autres cas, l'animal vit, sain d'apparence pendant quelques jours ou quelques semaines, puis la crise se produit. Si le sujet atteint ne meurt pas, il devient porteur de germes pour sa descendance, en attendant il contamine les autres autour de lui. C'est pourquoi la meilleure façon de lutter contre la maladie, de s'en protéger, est de sacrifier impitoyablement les malades aussitôt que l'affection se déclare. L'infection peut aussi se produire pendant la conservation des œufs.

La principale cause de mortalité en coquille par infection est causée par le bacillle de la diarrhée blanche, voisin de celui de la typhose et appelé *Bactérium Pullorum*. Ce bacille n'est autre que celui de la croûte bleue du fromage. Les Américains ont découvert un vaccin, qui, appliqué aux barbillons des volailles, décelle la présence du *Bactérium Pullorum*. Les volailles qui en sont atteintes sont évidemment aussitôt supprimées.

Luttez contre cette affection par la suppression immédiate de tout sujet, quel que soit son âge et son affectation, atteint même d'une façon paraissant accidentelle de diarrhée blanche, d'entérite coccidienne ou vermineuse.

PREMIERS SYMPTOMES — PREMIERS SOINS

Chaque fois que vos poussins marchent en tenant le cou raide, baissent les ailes, ont l'air triste, la tête dans les épaules, ou bien se tiennent immobiles sous l'éleveuse, un danger vous menace.

Cherchez-en la cause pour en connaître le remêde. Portez d'abord
votre attention sur les déjections des poussins, isolez les malades,
purgez tout votre petit monde. Employez à cet effet le sel d'Epson à
raison de : Une cuiller à thé

                    pour 8 poussins de 1 à   5 semaines,
                       5 sujets de   5 à 10
                       3   —   10 à 15
                       2   —   15 à 26
                       1 adulte.

La meilleure manière de l'administrer, ainsi que presque tous
les médicaments, est de la faire dissoudre dans l'eau et de l'incorporer à une pâtée humide donnée le matin avant tout autre chose.

En général, dans l'administration des médicaments, respectez
ces règles :

Les sujets de 1 à 5 semaines ont 1/6 à 1/8 de la dose donnée aux adultes,
           5 à 10   1/4 à 1/5
          10 à 15   11/3
          15 à 26   .1/2

Cependant quand le médicament doit être employé dans l'eau
de boisson, on en mettra la même dose que pour les sujets adultes,
car les poussins boivent beaucoup moins que ces derniers et ne
prennent que les quantités qui leur sont nécessaires. Ex. : Sulfate
de fer, bicarbonate de soude, etc.

IMPORTANCE DES DISSECTIONS

Il est souvent impossible de diagnostiquer exactement la
maladie sans dissection. L'aviculteur devra donc se familiariser avec
les organes sains afin de reconnaître les malades. Disséquez donc
quelques poussins sains. Pour disséquer les poussins, les mettre
sur une planchette, le ventre en l'air, fixer les 4 membres avec
des épingles et inciser le long du sternum, de chaque côté de celui-ci,
que l'on relève et enlève. Enlever la mandibule inférieure et mettre
la trachée, l'œsophage et le jabot à découvert.

DESORDRES DU FOIE

Le foie est alors à découvert. Voyez s'il a partout sa couleur
normale et si la vésicule biliaire n'est pas hypertrophiée. Le foie
pâle et rayé ou tacheté de rouge peut être le symptôme de la diarrhée

blanche. La congestion du foie est due au manque de nourriture
verte ou à l'abus d'aliments trop échauffants ; elle cause de lourdes
pertes avec ou sans diarrhée, elle annonce d'ailleurs une diarrhée
prochaine. Si la vésicule biliaire est distendue, il y a excès d'aliments
d'origine animale et manque de verdures.

ASPERGILLOSIS ET CONGESTION PULMONAIRE

Enlevez le foie et examinez les poumons. Ils doivent avoir une
couleur rose. Ils peuvent être, en cas de maladie, soit couverte de
nodules blancs ou jaunes, de la taille d'une tête d'épingle, soit
décolorés et noirs.

Si vous voyez des nodules, il s'agit de la pneumonie, aspergillosis, moisissures. Ces nodules peuvent se rencontrer aussi dans
les 4 sacs aériens, dans les membranes abdominales. La cause est
souvent due à la litière humide et moisie, aux aliments fermentés et
moisis. Les spores des moisissures sont alors absorbés par la voie
aérienne. Il paraîtrait que l'infection pourrait se faire à travers la
coquille de l'œuf, aussi est-il bon de la mouiller d'alcool avant de
la mettre dans l'incubateur. Les déjections des poussins atteints
d'aspergillosis sont quelquefois blanches, et toujours liquides. Aucun traitement.

Si les poumons sont de couleur foncée ou noire, ils apparaissent
pleins de mucus quand ils sont ouverts : nous sommes en présence
de la congestion pulmonaire ou pneumonie. Cette maladie affecte
chez les poussins une force épidémique. C'est la *Brooder pneumonia*
des Américains. Elle est causée par le manque d'air pur en éleveuse,
les refroidissements des poussins, la litière humide.

Préventif : employez les éleveuses ouvertes de grande capacité
et de bonnes salles d'élevage. Aucun traitement.

INDIGESTIONS DU JABOT — GASTRALGIES

Si le jabot est plein de gaz ou de liquides causant une disten-
sion, quelquefois des vomissements, la cause en est à la mauvaise
alimentation et aux aliments avariés. Nourrissez proprement et
forcez la dose de charbon de bois. Laissez les poussins en prendre
tout ce qu'ils en veulent et pour qu'ils en prennent beaucoup, confi-

nez-les dans un petit espace clair et aéré. Purgez-les au sel d'Epson, donnez dans l'eau de boisson autant de bicarbonate de soude qu'ils pourront en prendre.

COCCIDIOSE

(Entérite coccidienne, diarrhée coccidienne)

Quand on supprime le charbon de bois, le contenu des intestins doit être léger en couleur. S'il est dur, mal coloré, suspectez l'indigestion et traitez comme l'indigestion du jabot.

Examinez les cœcums. Si le contenu en est solide l'affection provient de l'intestin (Indigestion). S'il est crémeux et ressemble à du mucus, vous êtes en présence de la coccidiose. Cette affection s'attaque généralement aux poussins entre la 2ᵉ et la 5ᵉ semaine ; elle s'accompagne de diarrhée blanche.

Pas de guérison. Suppression immédiate des malades et des suspects. Moyens préventifs : désinfection soignée des incubateurs entre chaque incubation, lavage des œufs à couver à l'alcool, suppression des reproducteurs transmettant la maladie, élimination des œufs à couver présentant des taches par transparence, désinfection des éleveuses, des salles d'élevage, du terrain. Nous sommes en présence de l'une des plus terribles maladies du jeune âge. Les adultes, malades ignorés, en sont les agents les plus courants.

DIARRHEE BLANCHE

La diarrhée blanche est une des maladies les plus difficiles à combattre avec succès. Difficile à diagnostiquer sans le secours du microscope, si vous ne trouvez aucune des maladies sus-décrites et que les poussins ont de la diarrhée de couleur blanche, non crayeuse, incriminez la *bactérium polluorum*. Les poussins en meurent surtout du 5ᵉ au 12ᵉ jour. Aucun traitement, nécessité de la suppression des porteurs de germes qui deviendraient plus tard d'actifs agents de contagion.

Moyens préventifs : désinfection des œufs et des incubateurs. Obscurité dans la sécheuse à l'aide d'une double porte en bois ou d'un rideau noir, afin que les poussins ne puissent picorer les déjections (d'où ne mettre les poussins sous les éleveuses avant qu'ils ne soient âgés d'au moins 36 heures). Elevage par pedigree afin d'identifier les poussins de chaque poule et de reconnaître quels sont les parents contaminés, supprimer ces derniers.

DIARRHEE SIMPLE — DIARRHEE CRAYEUSE

Ces deux sortes de diarrhée sont faciles à identifier : les déjections sont noires et liquides, demi-solides, ou incolores, ou blanches et ayant une consistance crayeuse, granulée. Les poussins ont la crotte, c'est-à-dire que les excréments se massent à l'entrée de l'anus, agglutinant le duvet, bouchent l'orifice. Les poussins traînent les ailes, sont mouillés, piaulent incessamment.

Cause : coups de froid ou de chaleur, humidité.

Traitement : Suppression du son, augmentation de la dose de maïs, des grains, riz cuit, eau de riz, addition dans la pâtée (le matin avant toute autre chose) de 100 gr. d'une solution de 15 gr. d'extrait sec de cachou par litre d'eau, ce pour 50 poussins. La diarrhée peut diminuer un effectif de moitié en 48 heures. Renouvellement journalier de la litière.

CATARRHES

Suppression des malades atteints de catarrhe ou corysa. Distribution de pâtée chaude aux autres avec addition de vin (1 litre pour 500 poussins par jour), addition de sulfate de fer à l'eau de boisson (5 gr. par litre), beaucoup d'air, pas d'humidité, pas de vent. La claustration sur une litière bien chaude dans un poulailler très aéré, la distribution de grains chaulés, ont souvent raison de cette maladie si elle est prise au début.

Ver fourchu ou syngamose, diphtérie, choléra, peste, typhose

(Voir maladies des adultes)

PEPIE

Affection très rare, une espèce d'angine parfois d'origine diphtérique. Le revêtement corné de l'extrémité de la langue s'accroît en grandeur et bientôt empêche le poussin de prendre les aliments.

Les poussins atteints de pépie restent maigres et font entendre un sifflement plaintif. Enlevez ce revêtement sans force. Si vous ne pouvez le faire facilement, c'est que le moment n'en est pas venu : attendez encore quelques jours. Gargarisez ensuite avec un solution d'azotate d'argent à **3 %**.

FAIBLESSE DES PATTES — CRAMPES

Une alimentation trop riche, le manque d'exercice, la litière humide, la chaleur venant d'en-dessous en éleveuses, le surnombre en éleveuses, la mauvaise ventilation, le manque de matières minérales dans la ration, en voilà les causes.

Traitement préventif et curatif : supprimer ces causes de faiblesse. L'emploi de maïs écrasé au lieu de la farine de maïs, celui du son, sont d'excellents préventifs de cette affection.

VERTIGO

Dans cette affection, le poussin recule, tourne sur lui-même ou se tient le cou tordu, la tête sur une épaule. La cause en est à des vers intestinaux. Purgez les poussins.

POUSSE TROP FACILE DES AILES

Cette affection frappe surtout les Leghorns ou les poussins de races légères ; elle est due à une trop haute température en couveuse ou en éleveuse, elle indique un manque de vitalité soit chez les parents, soit chez le sujet seulement. Parfois les ailes ne sont que déplacées. Dans le premier cas, donnez des aliments fortifiants, une ration bien balancée avec une cuiller à café de quinquina en poudre pour 100 poussins, sans oublier le soufre et les matières minérales. Dans le second, coupez simplement les plumes qui paraissent trop longues et qui sont pendantes : la différence de poids, ainsi que l'arrêt de la croissance de ces plumes, soulageront le petit animal.

TOE-PICKING OU PIQUAGE DES ORTEILS

CANNIBALISME

Il arrive que des poussins, surtout des Leghorns ou d'autres poussins à pattes jaunes, quoique nous ayons eu cette affection avec des Bresses, prennent l'habitude de se piquer aux orteils. Une goutte de sang apparaît et le petit animal succombe sous les coups.

Cause : Inaction des poussins dans la lumière.

Remède : Avant le 8e jour, faire l'obscurité dans les salles d'élevage pour obliger les poussins à dormir entre les repas ;

Vers le 8" jour, donner de l'exercice : sorties, grains dans la litière, etc.

Cannibalisme. — Quand les poussins sont atteints de diarrhée ou de constipation (ces deux affections ne vont pas souvent l'une sans l'autre) il arive que l'anus du poussin rougit, prend une teinte sanguine. L'animal devient la proie des autres qui attaquent la partie rouge à coups de bec. Rafraîchir avec du son mouillé, donner davantage de verdure, purger.

Comme dans le piquage des orteils, noircir les parties atteintes ou susceptibles de l'être avec du charbon de bois en poudre. Isoler les malades.

MANQUE DE PLUMES

Il arrive que des poussins, en race lourde surtout, ne font pas leurs plumes ou plutôt ne font que celles des ailes. Il peut y avoir, soit manque de vitalité des parents ou des poussins, soit nourriture impropre, soit surpopulation en éleveuse. Le remède est donc facile à apporter. Ces poussins ne peuvent faire que du poulet de consommation.

ENNEMIS DES POUSSINS

Vermine, chats, chiens, rats, fauves, pies, corbeaux, la liste en est longue.

Les combattre et les détruire par tous les moyens possibles.

Questionnaire

1° Comment traitez-vous les poussins dans la sécheuse ?

2° Soins particuliers à apporter aux poussins élevés naturellement.

3° Quelle précaution prend-on pour éviter l'infection ombilicale ?

4° Soins et alimentation des poussins les 8 premiers jours d'alimentation.

5° Quelle température doit avoir la boisson ? Pourquoi ?

6° Comment régler la température de l'éleveuse suivant les différents âges ? Effets d'une température tenue trop haute ? Trop basse ? D'un air trop chaud dans la salle d'élevage ? D'un passage brusque de salle chaude au dehors ?

7° Comment pratiquerez-vous l'identification du poussin à partir de la ponte de l'œuf à couver jusqu'à l'âge de 12 semaines ?

8° Effets particuliers des différents matériaux qui composent la ration journalière.

9° Quelles modifications doit subir la ration quand les poussins ont un bon parcours et trouvent le gazon jeune ainsi que des insectes en abondance ? Ce supplément de nourriture est-il permanent ?

10° Quels changements faites-vous subir à la ration quand vos poussins sont échauffés ? Quand ils ont la diarrhée ?

11° Comment pratiquer une autopsie de poussin ? Dans quel ordre les différents organes doivent-ils être examinés ?

12° Pourquoi ne faut-il pas chercher à guérir des poussins atteints d'une maladie microbienne ? Comment faut-il détruire les cadavres ?